Feuereißen · Dampf über Asien

NILAGIRI PASSENGER

Günther Feuereißen

DAMPF ÜBER ASIEN

fotografiert von Hans Faust
und Winfried Großpietzsch

Die letzten Dampflokeldorados
im Fernen Osten

Gondrom

Umschlagseite vorn
Eine preußische G 8 der TCDD-Baureihe 44 befördert am 29. August 1984 ihren Zug nach Isparta über eine Brücke am Eğridir-See (HF)

Umschlagseite hinten
Ausfahrt einer chinesischen QJ am 3. Januar 1988 aus Harbin (HF)

Bild auf Seite 2
Der vormittägliche Personenzug auf dem Zahnstangenabschnitt der indischen Nilagiri-Bahn kurz vor Coonoor (WG)

Genehmigte Lizenzausgabe für den Gondrom Verlag GmbH & Co KG
Bindlach, 1989
Lithografien: Hofmüller-Repro GmbH & Co KG, Linz
Satz: Fotosatz Schwarzenböck, Hohenlinden
Druck: Zumbrink Druck GmbH, Bad Salzuflen
ISBN 3-8112-0673-7

Inhalt

Zum Geleit

Asien – geheimnisvoll, sagenumwoben; Kulturen und Lebensformen, die faszinieren und uns doch schwer begreiflich sind. Neben dem chinesischen Kommunismus das indische Kastensystem. Hindus, Buddhisten, Mohammedaner und Christen teilen sich den oft sehr engen Lebensraum. Höchstentwickelter Technisierung in Japan, Hongkong und Taiwan stehen urzeitliche Produktionsmethoden in Indien und Pakistan gegenüber. Spannungen und Kriege erschüttern den Nahen wie den Fernen Osten immer wieder. Die Großmächte kämpfen um ihren Einfluß.
In solchen Gegenden hat der Eisenbahntourist nur wenig Chancen zur Ausübung seines Hobbys. Doch dampfen eben gerade in den nach unseren Maßstäben wenig entwickelten asiatischen Ländern die meisten Lokomotiven, kann man erleben, was dem Europäer ausgangs der achtziger Jahre nicht mehr beschieden ist: Dampflokomotivfabriken, Bahnbetriebswerke ausschließlich für Dampflokomotiven, und Strecken, auf denen alle Züge im Regelbetrieb von Dampflokomotiven geführt werden.
Es hat nicht an Bemühungen einzelner Enthusiasten gefehlt, diesen Betrieb kennenzulernen. Häufig büßten sie dafür mit Film- und Kameraverlust, gar mit Gefängnis. So entstand in vielen Ländern nur wenig verwertbares Bildmaterial. Herausgeber und Verlag entschlossen sich deshalb, vorerst nur die Eisenbahnverwaltungen darzustellen, welche der Railfan innerhalb organisierter Reisen relativ problemlos besuchen kann. Das schließt nicht aus, daß sich kurzfristig politische Veränderungen ergeben, die Reisen in jene Länder vereiteln oder neue Möglichkeiten eröffnen.
Die Bildautoren Hans Faust (HF), Winfried Großpietzsch (WG), Helmut Mochel (HM), und Jörg Schulze (JS) bereisten den Fernen

Osten zu allen Jahreszeiten. Das bedeutete im Winter minus 40° C, im Sommer plus 40° C. Klimatische Bedingungen, die der Ungewohnte nur schwer bewältigt, noch schwerer allerdings die Fotoausrüstung und das Filmmaterial. Doch gehören solche Probleme einfach dazu, will man die Schwierigkeiten des dortigen Eisenbahnbetriebes auch nur annähernd verstehen. So sei jedem Interessenten geraten, sich vor Reiseantritt ausführlich über die gerade herrschenden Bedingungen zu informieren, damit die Eisenbahnsafari zu einem Erfolg wird.

Türkei

Die Stunde Null schlug 1858 für die Eisenbahnen des Osmanischen Reiches, als der erste Zug zwischen Izmir und Seydiköy verkehrte. Die britische Gesellschaft Oriental Railway Company erweiterte die Linie nach Süden und erreichte 1912 den Egridir-See. 1865 begann die anfangs britische, dann französische Smyrna-Cassaba et Prolongements die Nordwesttürkei zu erschließen. Im europäischen Teil gelang es um 1873 der österreichischen Compagnie des Chemins de Fer Orientaux, Istanbul mit dem Eisenbahnnetz Europas zu verknüpfen. Die deutsch-österreichische Chemins de Fer Ottomans d'Anatolie verband Istanbul mit dem zentralanatolischen Konya und die deutsche Bagdadbahn-Gesellschaft überschiente das Taurus-Massiv.

Aus den beiden letzten Bahnen entstand 1927 durch Ankauf die Türkiye Cumhuriyeti Devlet Demiryollari (TCDD). Die Staatsbahn übernahm bis 1948 alle Privatbahnen, doch waren bislang nur der Westen und der Süden des Landes erschlossen. Mit großer Anstrengung baute die TCDD nun weitere Linien. Die letzte wesentliche Neubaustrecke war die 1971 fertiggestellte Verbindung von Van zur Iranischen Grenze. Etwa 8200 km Normalspurstrekken umfaßt das heutige Netz der TCDD. Die ehemaligen Schmalspurbahnen sind abgebaut oder wie auch der russische Breitspurabschnitt auf Normalspur umgenagelt worden.

Die multinationale Vielfalt der Bahnlinien, der Hochbauten und des Fahrzeugparks hat sich bis heute erhalten. Nichts außergewöhnliches war noch vor kurzer Zeit die Begegnung einer amerikanischen Dampflok mit einer deutschstämmigen in einem typisch französischen Bahnhof. Daneben traf man auf Maschinen englischen, französischen oder schwedischen Ursprungs.

Im ersten Weltkrieg trat die Königlich-Preußische Eisenbahnverwaltung an das verbündete Osmanische Reich G 8- und G 10-Lokomotiven ab. Zu ihnen gehört 55 022. Noch immer im Dienst rumpelt sie im August 1985 über die Brücke bei Eğridir (HF)

Izmir Müdüriyet

An der Ägäis

Die deutsche Kriegslokomotive der Baureihe 52 verbirgt sich hinter der TCDD-Reihe 56.5, welche nebenstehend die Kulisse Izmirs passiert.
Unten bewacht das Dromedar in Tire die Lokomotive 46 105 bei ihrer Fahrt von Torbalı nach Ödemiş. Die Maschine entstand 1932 bei Robert Stephenson, Newcastle and Darlington.

Die folgende Doppelseite zeigt den Flügelzug nach Dinar zum Istanbul-Expreß mit der Reihe 44 am 31. Juli 1982. Im Hintergrund der schwefelhaltige Burdursee (HF)

Am 31. Juli 1982 ist die 55er mit einen »schweren« Güterzug von Burdur nach Gümüşgün auf der Strecke, rechts jedoch hat der Fernreisezug von Izmir nach Afyon Dieselvorspann bei der Überquerung der Brücke bei Türkmentepe bekommen. 2. August 1985 (HF)

Die nächste Doppelseite zeigt zwei Versionen der ehemaligen deutschen Kriegslokomotivbaureihe 52 am 9. August 1982 bei Uşak mit Wannen- bzw. Floridsdorfer Steifrahmentender (HF)

Die Lokomotive 46 051 befindet sich am 4. August 1982 am Meydan-Paß auf dem Wege nach Afyon. Die Maschinen dieser Baureihe gleichen preußischen P 10 mit 01-Kesseln, allerdings in zweizylindriger Ausführung. Sie stammen aus dem Hause Henschel und waren lange Jahre die Paradepferde der TCDD (HF)

Adana Müdüriyet

Am Mittelmeer

Mit 168 Exemplaren ist die Baureihe 56.0-2 die zahlreichste Loktype. Die zweizylindrige Henschel-Konstruktion stellt eine Variante der deutschen Einheitslokomotive Baureihe 43 dar. Am 15. Juni 1986 qualmt 56 098 in Durak am südlichen Beginn der Taurus-Rampe (HF)

Am gleichen Tag befinden sich die Maschinen der Baureihen 46.05 und 56.0 bei Ciftehan im Taurus-Gebirge auf der Fahrt nach Ulukişla (HF)

Kurz nach der Überquerung des Varda-Viadukts auf der Taurus-Südrampe wird 56 098 am 15. Juni 1984 in den großen Taurustunnel einfahren (HF)

Die folgende Doppelseite zeigt eine Lokomotive der Baureihe 46.05 mit ihrem Reisezug bei Ulukişla im Juni 1984 (HF)

Durch die endlosen Baumwollfelder bei Kahraman Maraş rollt der Personenzug mit 34 061 am 21. August 1984. 1933 von Henschel geliefert, gleicht die Lok der deutschen Baureihe 24, besitzt aber ein echt preußisches Führerhaus (HF)

Ankara Müdüriyet
Durch Anatolien

Die 1'D 1'-US-Kriegslokomotive des Typs Middle-East, Baureihe 46.2, ist im Depo Çatalağzı beheimatet und führt am 20. August 1983 einen Reisezug von Zonguldak nach Karabük (HF)

Bei Hisarönü führt die Strecke nach Karabük entlang der Küste des Schwarzen Meeres. Den Zug befördert am 19. August 1983 eine Maschine der Baureihe 46.2 (HF)

Am 18. August 1983 beförderte eine Lokomotive der Baureihe 56.3 einen schweren Güterzug entlang dem Schwarzen Meer nach Zonguldak. Die zweizylindrigen l'E-Maschinen wurden 1947 bis 1949 in 88 Exemplaren von den Vulcan-Iron-Works in Pennsylvania geliefert. Sie bekamen den Kosenamen »Skyliner« (HF)

Aufenthalt für »Skyliner« 56 345 in Yeniyapan inmitten der anatolischen Hochebene am 10. Juni 1984 (HF)

Yerköy besitzt ein kleines Depo. Im Bild rechts wird mit einer Maschine der Baureihe 45.17 rangiert. Diese US-Kriegslok des in aller Welt verbreiteten 1'D h2-Typs S 160 wurde »Klapperschlange« genannt (HF)

Lokomotive 56 356 im Depo Kayseri, welches 1985 noch etwa acht Maschinen dieser Baureihe unterhielt (HF)

Am 16. Juni 1984 rauscht 56 345 durch die Hochebene bei Boğazköprü. Aus ihr steigt ganz unmittelbar der Gipfel des 3916 m hohen erloschenen Vulkans Erçias dağı empor (HF)

Die nächste Doppelseite zeigt 56 345 zwischen Yerköy und Boğazköprü im Juni 1984 (HF)

Im Bild links fährt der Posta von Sivas nach Samsun bei Kızılca am 11. August 1984. Die Lokomotive der Reihe 45.0 ist ein Nohab-Lizenznachbau der preußischen 1'D-Gattung G 8^2 (HF)

Sivas Müdüriyet

Rund um Sivas

Bahnhof Amasya im August 1985. Die Provinzhauptstadt war ehedem Sitz der Könige von Pontos, deren Besiegung Cäsar mit dem Ausspruch »Ich kam, sah, siegte« nach Rom meldete (HF)

Die folgenden Seiten zeigen den Posta (Personenzug mit Postbeförderung) am 22. August 1983 bei Hacıbayram auf der Strecke von Sivas nach Samsun, bespannt mit Baureihe 45.0 (HF)

Die »Königin des Ostens«, Baureihe 56.0, befindet sich im linken Bild kurz vor Sivas auf der Fahrt nach Malatya. Oben hingegen befährt 56 545 eine ehemalige Schmalspurstrecke zwischen Horasan und Kars nahe der sowjetischen Grenze. 1. Juni bzw. 30. Mai 1985 (HF)

Auf der nächsten Doppelseite ist das Gespann der beiden 56.0er am Karasu bei Çağdariç von Erzincan nach Erzurum am 15. August 1984 unterwegs (HF)

56 115 leistet 56 156 am 29. Mai 1985 bei Çetinkaya Vorspann (HF)

Im Wettlauf mit den Wassern des Euphrat eilt 56.0 am 15. August 1984 Erzurum entgegen (HF)

Malatya Müdüriyet
Im Taurus

Ein Sonderzug für Eisenbahnfreunde war am 29. Mai 1985 auf der Strecke von Malatya nach Çetinkaya unterwegs, während er im Bild rechts zwei Tage zuvor diese gewaltige Scheinanfahrt zwischen Haydarlı und Çelik produzierte (HF)

Die vorangegangene Doppelseite zeigt einen Sonderzug am 14. Juni 1984 in der einsamen südanatolischen Bergwelt auf dem Weg von Malatya an das Mittelmeer.

Auf den Bildern dieser Seiten schleppen 46 233 und 56 011 ihren Zug durch die Tigris-Schlucht (unten) und entlang dessen Quellsee, dem Hazar-Gölü, nach Diyarbakır am 28. Mai 1985 (HF)

Eine karge Ebene westlich von Diyarbakır und die wildromantischen Ufer des Murat bilden den Rahmen für die Lokomotiven der Baureihen 56.0 und 46.2 im Juni 1984

Die beiden folgenden Doppelseiten bieten einen Blick auf das Betriebsgeschehen am Van-See. Die im Depo Tatvan beheimateten »Middle East« rangieren Güterwagen auf die Fähren (HF)

REFET ÜNAL
TATVAN

REFET ÜNAL

46232

46243

7594

Indien

Neun Millionen Fahrgäste, 10800 Züge, 1,3 Mio km Laufleistungen, das sind die Tagesdaten der Indian Railways, des zweitgrößten Eisenbahnbetriebes der Erde.

1853 bekam die englische Kronkolonie zwischen Bombay und Thana ihre erste Eisenbahn, für die man eine Spurbreite von 5½ Fuß (1676 mm) wählte. Das Breitspurnetz vergrößerte sich bis 1870 auf rund 7000 km und entstand nach handelspolitischen und strategischen Gesichtspunkten. Die hohen Baukosten schränkten jedoch die privatunternehmerischen Aktivitäten ein, so daß der damalige Vizekönig Lord Mayo den Bau preiswerter Meterspurbahnen empfahl. 25865 km Sekundärbahnen mit 1000 mm Spurweite gingen in den folgenden Jahrzehnten in Betrieb. Parallel dazu ließen unabhängige Fürsten 4476 km Schmalspurbahnen mit 2½ Fuß (762 mm) oder 2 Fuß (610 mm) Spurweite errichten.

Durch Kauf erwarb die Indian Government Railway ab der Jahrhundertwende die einzelnen Bahnen. Bis zur Unabhängigkeit Indiens im Jahre 1947 war dieser Prozeß abgeschlossen. Heute ist das Schmalspurnetz auf etwa 4000 km reduziert, ebenso das Meterspurnetz auf knapp 24000 km. Hingegen vergrößert sich das Breitspurnetz durch Umspurung fortwährend. Zur Zeit hat es eine Länge von fast 32000 km erreicht.

Die Dampflokomotiven konnten in ihrer überwiegenden Mehrheit die britische Abstammung nicht verleugnen. Der inländische eigenständige Lokbau begann erst 1950 in den Chittaranjan-Lokomotivwerken mit dem Nachbau amerikanischer und englischer Typen der Reihen WP und WG. 1970 endete der Dampflokomotivbau. Die Meterspur- und Schmalspurloks sind ein Sammelsurium verschiedenster Baureihen internationaler Hersteller.

Moradabad ist die Heimat der Reihe WP der Northern Railway. Das nebenstehende Bild zeigt einen Blick in das Betriebswerk, auf der folgenden Doppelseite befindet sich der Reisezug an der Bahnhofseinfahrt (WG)

In der Ganges-Ebene

Im Bild links wartet der Schnellzug 56 »Dehli-Bareilly-Expreß«, geführt von der WP 7308, in Dehli auf das Abfahrtsignal; rechts befindet sich Lokomotive 7136 am Einfahrsignal von Saharanpur (WG)

Die WG 813 der Northern Railway kehrt von ihrer Zugleistung in das heimatliche Betriebswerk Moradabad zurück (WG)

Der Personenzug 372 Haridwar – New Dehli braust durch den Bahnhof Tapri, geführt von WP 7591 (WG)

Im Bahnbetriebswerk Idgah Agra treffen wir auf WP 7572 und WP 7643. Diese 2'C 1'-Type wurde von 1947 bis 1967 gebaut.

Der Dampfkran 5133 der Northern Railway arbeitet im Bahnbetriebswerk Lucknow. Unter anderem bekohlt er auch die Lokomotiven (WG)

»Heilige Kühe« im Bahnbetriebswerk! So etwas gibt es nur in Indien. WG 10 400 in Varanasi, eine 1'D 1'-Loktype, welche von 1950 bis 1970 gebaut wurde (WG)

Eine WG der Northern Railway führt den Personenzug bei Varanasi. Es ist interessant, daß in den letzten Jahren Dampflokomotiven nur noch Personenzüge bespannten, während die Güterzüge von Dieselloks befördert wurden (WG)

Auf schmalen Gleisen

Auf dem Meterspurnetz der Western Railway spielen die Szenen dieser Seiten. Unten befindet sich die 1'C 1'-Maschine der Reihe YL im Betriebswerk Jaipur, rechts wird die 2'C 1'-Lok 2480 der Reihe YP in Dehli bekohlt (WG)

736
मध्य

Mixed Train 672 der Central Railway kurz vor dem Endbahnhof Dhaulpur, in welchem die 762 mm-Spur auf die Breitspur stößt. Zuglok ist die ZA-4 736, die Hunslet 1951 baute (WG)

Das idyllische Bahnbetriebswerk von Dhaulpur mit Lokomotive 810 der Reihe ZA-5. Hunslet baute die 1'D 2'-Maschine 1959 (WG)

Auf 610 mm-Gleisen verläßt der Personenzug nach Gwalior den Bahnhof Bomourgaon, geführt von Lokomotive 813 der Reihe NH-5, 1959 von Nippon Sharyo erbaut (WG)

Nebenstehend befördert Lok 755 der Reihe NH-3, eine 1928 von Kerr Stuart gebaute 1'D 1', einen Güterzug der Central Railways von Bomourgaon nach Sheopur Kalan (WG)

Zahnradbahn Nilagir

Im Bild links warten die Zahnradlokomotiven im Betriebswerk Coonoor auf neue Einsätze. Die Maschinen stammen aus der Schweizerischen Lokomotivfabrik Winterthur. Rechts fährt der Passenger 564 der Southern Railway in die Station Kateri Road ein (WG)

Auch die Bilder der Seiten 80 und 81 zeigen Szenen der Nilagiri-Bahn. Die Zahnradtenderlokomotive 37 389 der Reihe X, eine D 1' h4v-Maschine, stammt aus dem Jahre 1925. Alle Wagen der Züge sind mit einem Bremser besetzt (WG)

Pakistan

Die Wurzeln des pakistanischen Eisenbahnwesens liegen entsprechend den damaligen politischen Verhältnissen in Britisch-Indien. Erst mit der Unabhängigkeit und Teilung der Kolonie im Jahre 1947 beschritten die Pakistan Railways (PR) ihren eigenen Weg.
Die erste Bahnlinie auf dem heutigen Staatsgebiet baute 1858 die Scinde, Punjab and Dehli Railway von Karachi aus. Drei Jahre später war die Strecke bis Kotri fertig, 1870 gab es eine Verbindung nach Dehli, wobei aber 912 km mit einem Dampfboot auf dem Indus zurückgelegt werden mußten. 1889 war dann die lückenlose Verbindung zur Hauptstadt des kolonialen Indiens hergestellt. Weitere Strecken, so nach Rawalpindi, zum Khaiber Pass und nach Quetta, folgten, oft aus strategischen Gründen gebaut. Heute umfaßt das Netz der PR ohne das 1971 abgefallene Ostpakistan (Bangla Desh) ungefähr 8000 km Breitspurstrecken (1676 mm). Daneben existieren Schmalspurbahnen mit 762 mm Spurweite. Die bei Hyderabad gelegenen Meterspurlinien sind ein Rest des Jodpur-Netzes Britisch Indiens.
Während in Indien nach der Unabhängigkeit eine eigene Lokomotivindustrie aufgebaut wurde, verzichtete die PR weitgehend auf Lokomotivbeschaffungen. So kommt es, daß heute noch betagte Lokveteranen zu sehen sind, die ein unverkennbar britisches Gesicht tragen. Dazu gehören die Reihen SPS und SGS, letztere sogar mit Innenzylindern und Innentriebwerk.
Die einzigen Neubauten sind Meterspurlokomotiven der Reihe YE, welche aus Japan importiert wurden. Die übrigen noch vorhandenen Maschinen stammen teils von der alten Jodpur-Bahn, teils aus dem damaligen Ostpakistan. Den Schmalspurlokpark beschaffte die North Western Railway zwischen 1908 und 1925.

Passenger 202, geführt von der Lokomotive 2988, einer 2'B-Maschine der Reihe SPS, verläßt den Bahnhof Malakwal in Richtung Shorkot Cantonment (WG)

Im Sind

Das Betriebswerk bessert auch die Schmalspurmaschinen des Meterspurnetzes um Mirpur Khas aus. Hinter dem Ziegenidyll Lokomotive 63 der Reihe M (WG)

Im Bahnbetriebswerk Hyderabad ist der C-Kuppler 994 mit Innentriebwerk der Reihe SG/C im April 1988 beheimatet (WG)

Betriebswerk und Bahnhof Mirpur Khas zeigen die Bilder dieser Seiten. Unten schmaucht Lok 522 der Reihe YD mit der Achsfolge 1'D 1' vor sich hin und rechts führt eine YE den Zug nach Pithoro (WG)

Die folgende Doppelseite zeigt das Betriebswerk Mirpur Khas in mittäglicher Ruhe. Die rechte Maschine ist Lok 727, eine 1'D 1' der Reihe YE, 1959 von Nippon Sharyo gebaut. In der Mitte steht Lok 64, eine 2'C-Type der Reihe M (WG)

Per Hand wird Lokomotive 522 der Reihe YD in Mirpur Khas gedreht (WG)

Ein letzter Blick in den Bahnhof Mirpur Khas und auf die Lokomotive 721 der Reihe YE im April 1988 (WG)

Zentrum Malakwal

Die Bilder der Seiten 96 und 97 zeigen Szenen aus Mari Indus mit den Reihen ZB (1'C 1'-Maschinen 203 und 209) und GS (1'D 1'-Lokomotive 68) (WG)

Die 2'B-Lokomotiven 3002 der Reihe SPS, gebaut 1914 von Vulcan Foundry, hat Einfahrt in Malakwal. Rechts werfen wir einen Blick in das Betriebswerk (WG)

Auf der folgenden Doppelseite dampft Lok 2388 der Reihe SGS, ein C-Kuppler, 1920 von Vulcan Foundry gebaut, durch den Bahnhof Malakwal (WG)

2976

P
2388

5 W
کا ترجمان - مزدور دوست
رضا
کو ووٹ دے کر
کامیاب بنائیں
کا جائز حقدار حلقہ وارڈ 1
ریلوے کالونی

Schmalspur am Indus

№ 68
№ 209

China

Spät begann im »Reich der Mitte« das Zeitalter der Eisenbahn. Der erste Anlauf war im wahrsten Sinn des Wortes ein Schlag ins Wasser. 1876 erbauten Briten bei Shanghai eine 16 km lange Strecke. Nach 35 Betriebstagen mußte sie wieder abgetragen werden; Kaiserhaus und Volk waren gegen die unheilverkündenden Sendboten des Fortschritts. Man warf das ganze Material ins Meer. 1881 gelang dann ein neuer Versuch, als eine kurze Montanbahn bei Tangshan den Betrieb aufnahm. Gut ein Jahrzehnt später entstanden die ersten Hauptbahnen, erbaut von Belgiern, Deutschen, Engländern, Franzosen, Japanern und Russen. Gemäß ihrer wirtschaftlichen Interessen verteilten sie große Territorien des schwachen Staates unter sich. Natürlich brachten alle Nationen ihre heimische Wirtschaft ins Brot, was eine große Vielfalt im chinesischen Eisenbahnwesen verursachte.

Die erste rein chinesische Hauptbahn führte 1909 von Peking nach Norden zur Chinesischen Mauer. Nach Ausrufung der Republik vereinte man 1915 die Eisenbahnen zur Zhung Guo Tie Lu mit staatlicher Kontrolle. Die instabilen politischen Verhältnisse, Bürgerkrieg und japanische Besetzung ließen das 21989 km umfassende und in vier Spurweiten ausgeführte Eisenbahnnetz in desolaten Zustand geraten, der erst nach Gründung der Volksrepublik 1949 gebessert werden konnte. Mit ungeheurer Energie begann das neue China den Ausbau seines wichtigsten Verkehrsträgers. Bis heute wurde das Normalspurnetz auf 52400 km erweitert. Das Fehlen einer eigenen Lokomotivindustrie hatte dazu geführt, daß sich die 1949 übernommenen rund 4000 Triebfahrzeuge auf mehr als 150 Baureihen aufteilten. Ab 1956 gingen dann eigene Dampflokomotiven nach japanischen und russischen Vorbildern in Serie.

Winter in Harbin. Am 3. Januar 1988 herrschen Temperaturen, bei denen man sich in der Gefriertruhe wärmen könnte! 2'C 1'-Lok RM 1242 der Klasse Renmin (Volk) (HF)

Dampflokfabrikation

建设社会主义精神文明

Datong und Tangshan sind die letzten Dampflokomotivfabriken der Welt, die in großem Stil Maschinen produzieren. Während Daton 1989 den Neubau der JS-Klasse Jianshe (Aufbau) aufgeben will, fertigt man in Tangshan weiterhin Industrielokomotiven der SY-Klasse Shangyou (Hohes Ziel), deren Serienproduktion erst 1976 begann (HF)

建设 8254

Erstes Anheizen, letzte Einricht- und Montagearbeiten und dann – Fahrversuche im Werkhof von Daton (HF)

中华人民
铁道部唐山
1987年

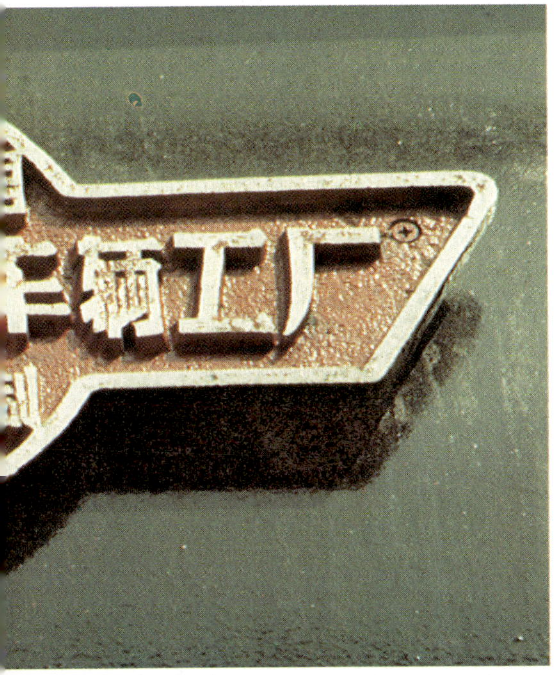

Das Markenzeichen der Lokomotivfabrik
und der Werdegang einer SY in Tangshan
(HM)

Japanischen Ursprungs ist die JF-Klasse Jiefang (Befreiung), die nebenstehend im Betriebswerk Nanning Restaurationsaufenthalt hat. Unten wird die Brücke über den Yong Jiang befahren und die folgende Doppelseite zeigt die Lokomotivbehandlungsanlagen in Nanning mit den Maschinen der QJ-Klasse Qianjin (Fortschritt) (WG)

In den Südprovinzen

6975

JS 8287

Den Nachmittagspersonenzug von Pingxian nach Nanning führt JS 8287 (WG)

Nahe der vietnamesischen Grenze führt eine 610 mm-Schmalspurbahn von Jijie nach Gejiu durch die Provinz Yünnan. Auf ihr ist ein E-Kuppler tätig, der von Baldwin stammt (WG)

Bahnbetriebswerk Chongging. Die Industrie- und Handelsstadt liegt am Jangtse-Fluß und ist durch ihre anhaltenden Nebellagen berüchtigt. Die Lokomotiven QJ 3465 und QJ 6242 gehören der Baureihe an, die einst als sowjetische Lizenz nach China kam und dann in weiterentwickelter Form bis 1987 in Daton gebaut wurde (WG)

Daton und Taiyuan

Die Bilder dieser und der beiden folgenden Seiten zeigen den betrieblichen Alltag der QJ-Klasse um Datong am 9. Januar 1988 (HF)

Auch im Betriebswerk Taiyuan sind die Hochleistungslokomotiven der QJ-Klasse beheimatet. Rund 3000 PS leisten die Maschinen der Bauart 1'E 1' h2 (HF)

Etwa 4500 je 250 t schwere Lokomotiven der Klasse QJ wurden von 1956 bis 1987 gebaut, von denen die meisten noch im Einsatz stehen (HF)

Die JS-Klasse, eine 1'D 1' h2-Maschine, ist ebenfalls in Taiyuan beheimatet. Sie entstand als Weiterentwicklung eines Alco-Entwurfs von 1918, der als japanischer Lizenzbau einst nach China gelangte (HF)

前进3142
5156

0355

Werkbahn Tangshan

Auf vielen Werkbahnen Chinas kann man leichte 1'D 1' h2-Lokomotiven sehen, deren Gesicht wie auch der Tender den amerikanischen Ursprung nicht verleugnen können. Das Alco-Projekt entstand für Korea und kam später in die Mandschurei. 1960 überarbeiteten es die Chinesen und ließen 1976 die Maschinen in der Lokomotivfabrik Tangshan in Serie gehen (HM)

Changchun ist der Mittelpunkt des Geschehens auf den Bildern bis zur Seite 131. Rund 100 (!) Dampflokomotiven waren am 1. Januar 1988 dort stationiert (HF)

In der Mandschurei

2422

SL 719
前进
QJ1603

建设5794

Im Bahnbetriebswerk Jilin trifft man neben den Güterzugriesen der QJ-Klasse und den Mehrzwecklokomotiven der JF-Klasse Schnellzugmaschinen der SL-Klasse Shengli (Sieg). Sie sind eine verstärkte und verbesserte Variante einer japanischen Konstruktion. Etwa 150 Loks der Bauart 2'C 1' h2 lieferten die Sifang-Werke von 1956 bis 1958 (HM)

Waldbahn Langxiang

11000 km Waldeisenbahnen soll es in China geben! Nur wenige konnten Eisenbahnfreunde bisher besuchen. 270 km umfaßt das Waldbahnsystem von Langxiang, auf dem elf Dampflokomotiven Dienst verrichten. Am Stadtrand von Langxiang führen Waldbahn und Hauptstrecke nach Nancha parallel. Auf dem Bild oben ist gerade Begegnung zwischen einer QJ und der schmalspurigen WP-1 Nummer 024 (HM)

024

Harbin

In der Steigung bei Wang Gang südlich von Harbin fahren QJ-bespannte Güterzüge im Blockabstand. Bergwärts leistet eine weitere QJ Vorspanndienste.
Die folgende Doppelseite zeigt den Rangierbahnhof der 2,5 Millionen-Stadt Harbin am 2. Januar 1988 (HF)

250

Das Bahnbetriebswerk Harbin ist eines der größten im Lande. Es beschäftigt etwa 2500 Menschen (HF)

Die Bilder der nächsten beiden Seiten vermitteln Eindrücke vom Betriebsgeschehen im Rangierbahnhof Harbin. Möge dieses Dampfparadies noch lange Zeit erhalten bleiben (HF)

2466

Japan

1853 brachte Commodore Perry die erste Dampflokomotive per Schiff in das Inselreich. Die geringe wirtschaftliche Entwicklung des Landes führte aber erst 1872 zur Betriebsaufnahme einer Eisenbahn von Tokio nach Yokohama. Die staatliche Finanzierung vieler Bauvorhaben und die gleichzeitige Genehmigung privaten Bahnbaus ließen dann schnell ein umfangreiches Netz entstehen; 1894 waren es schon 4649 km. Britische Ingenieure hatten eine Spurweite von 1067 mm eingeführt, die sich unter den komplizierten geographischen Bedingungen bewährte.
1906 entstanden durch Verstaatlichung die Japanese National Railways (JNR), neben denen weiterhin private Gesellschaften tätig waren. Das Eisenbahnnetz umfaßte zu Beginn der achtziger Jahre 29085 km, davon 21322 km im Besitz der JNR. 1987 erfolgte eine Reorganisation, wodurch das Netz auf sechs private Gesellschaften verteilt wurde.
Wesentlichste Probleme japanischen Eisenbahnbetriebes sind die große Erdbebengefahr, die Verbindung der Netze auf den vier Hauptinseln untereinander, sowie die überaus dichte Besiedelung einzelner Zentren. Zur besseren Bewältigung der Transportaufgaben nahm 1964 die Shinkansen-Linie zwischen Tokio und Osaka den regelspurigen Hochgeschwindigkeitsbetrieb auf. Dieses neue Netz wird ständig erweitert.
Während anfänglich vor allem englische, amerikanische und deutsche Lokomotiven durch das Reich der aufgehenden Sonne dampften, baute Kawasaki ab 1913 die ersten der 770 Maschinen umfassenden Reihe 9600, nur übertroffen von den 1115 Loks der Baureihe D 51. 1973 waren noch etwa 300 Maschinen im Dienst, drei Jahre später rollten die letzten über Japans Schienenstränge.

Am 20. November 1973 befördert eine Lokomotive der Baureihe 9600 einen Kohlezug über die Ita Linie.
Die folgende Doppelseite zeigt die gleiche Strecke auf der Kyushu-Insel. Den Zug bespannt am 20. Februar 1972 die Baureihe C 11 (Japan Railfan Magazine / JRM)

D51 833
436

Die zahlenmäßig stärkste Gattung auf Japans Gleisen war die Reihe D 51 mit 1115 Einheiten. Ab 1936 von Kawasaki, Kisha Seizo, Hitachi, Mitsubishi, Nippon Sharyo und JNR Hamamatsu gebaut, erwiesen sich die 1'D 1' h2-Maschinen als außerordentlich vielseitig. Herbst 1973 (JRM)

Die Bilder der Seiten 152 und 153 zeigen Schnellzuglokomotiven der Baureihe C 57 im Juli 1972 bzw. November 1973 auf der Nippou Strecke und das Gespann C 11 200 und C 56 92 am 10. April 1973 vor dem Ten-nou (Kaiserzug) auf der Nichi-nan Strecke (JRM)

San-In Hauptstrecke

D51498

D51498

C57192

Nippou Hauptbahn

Der ehemalige Showa-Kaiser Hirohito legte Wert darauf, viel zu reisen, um direkte Kontakte mit dem Volk aufzunehmen. Oft fuhr er mit Dampfzügen. Im Bild links leistet C 56 91 der Schwester C 56 92 im Bahnhof Kajiki Vorspann. Für solche Einsätze wurden die Lokomotiven speziell nachgeprüft, gereinigt und geschmückt. Ausgewählte Lokführer waren lebenslang stolz darauf, den Kaiserzug gefahren zu haben (JRM)

Mit Dreifachbespannung durch die Baureihen C 61, C 57 und C 55 geht der letzte Dampfzug am 31. Juli 1972 auf die Nippou Strecke (JRM)

Nebenstehend fährt die Personenzuglokomotive C 58 195, Achsfolge 1'C 1', aus Nishi Maizuru im August 1970 aus (JS).
Darunter schleppen zwei C 57-Schnellzuglokomotiven einen Güterzug über die Nippou Bahn im Juli 1972 (JRM).
Rechts oben rangiert C 12 60, eine 1'C 1'-Tenderlokomotive in Nishi Maizuru im August 1970 (JS).
Rechts unten schließlich befährt C 12 241 im Februar 1974 die Takamori Strecke in der Nähe des Vulkans Aso auf der Kyushu-Insel (JRM)

C12 60

C12 241

Am 28. Juli 1972 ist Dampflokomotivabschied im Bahnbetriebswerk Kagoshima. Auf der nächsen Seite werfen wir noch einen abschließenden Blick auf die Aizu Linie. Den Güterzug bespannt am 27. Oktober 1973 eine C11 (JRM)

島機関区
C61 2
C56 156
C50 42